Die kleinen Lerndrachen

# Mein Übungsheft Sachaufgaben

## Mathematik 4. Klasse

von Hans Bergmann und
Diana Hofheinz

## Herzlich willkommen bei Familie Lerndrache!

Super, dass du mit uns üben und lernen möchtest! Du wirst sehen: Mit uns macht das richtig viel Spaß! Wir haben viele Tipps für dich und helfen dir, sodass du bald fit im Lösen von Sachaufgaben bist.

Name: Lizzy Lerndrache
Das mag ich: Sport, vor allem Reiten und Ballett; schöne Kleider und meine Perlenkette; meine Familie, besonders meinen Bruder Lenny (meistens jedenfalls)
So bin ich: erfinderisch und ganz schön schlau
So helfe ich dir: Ich habe extra clevere Tipps für dich.

Name: Lenny Lerndrache
Das mag ich: Sport; alles, was mit Technik zu tun hat; Feuer spucken; meine Familie, besonders meine Schwester Lizzy (meistens jedenfalls)
So bin ich: hilfsbereit und neugierig
So helfe ich dir: Ich sage dir alles, was du dir merken solltest.

Name: Floh Lerndrache (Baby)
Das mag ich: Quatsch!
So bin ich: frech und noch klein, daher kann ich kaum reden und leider noch nicht fliegen
So helfe ich dir: Ich mache Unfug und sorge dafür, dass du beim Lernen was zu lachen hast.

Name: Nepomuk Lerndrache (Opa)
Das mag ich: fliegen und Saltos schlagen; mit meinem Stock zaubern; faulenzen; meine Enkelkinder
So bin ich: gemütlich, manchmal kann ich auch richtig frech sein
So helfe ich dir: Ich verrate dir meine ganz persönlichen Eselsbrücken. Außerdem erinnere ich dich daran, auch mal eine Pause zu machen!

Die kleinen Lerndrachen stellen sich vor 2

So arbeitest du mit diesem Buch 4

So funktionieren die Online-Übungen 5

| | Lerninhalte: | |
|---|---|---|
| So macht das Radfahren Spaß! | Sachaufgaben schrittweise verstehen (ct, €) | 6 |
| Auf zur Klassenfahrt! | Arbeiten mit Lösungsplan | 8 |
| Fußballbilder | Signalwörter verstehen | 10 |
| Im Umweltladen | Sachaufgaben formulieren, Aufgaben zeichnen (ct, €) | 12 |
| Urlaub auf dem Bauernhof | Ergebnisse abschätzen durch Überschlagen (km, m) | 14 |
| Auf dem Markt | Rechenkontrolle durch die Umkehraufgabe (ct, €) | 16 |
| Bei der Spedition | Gewichte: Kommaschreibweise (g, kg, t) | 18 |
| Backen will gelernt sein | Gewichte umrechnen (g, kg) | 20 |
| Im Getränkeabholmarkt | Rauminhalte und Gewichte (ml, l, g, kg) | 22 |
| Brötchen! Frische Brötchen! | Geld: Kommaschreibweise (ct, €) | 24 |
| In Opas Garten | Zahlenstrahl als Lösungshilfe (mm, cm, dm) | 26 |
| Beim Sportfest | Pfeilbilder als Lösungshilfe (ct, €) | 28 |
| Wer verpackt am besten? | Streifenbilder als Lösungshilfe (g, kg) | 30 |
| Beim Gebrauchtwagenhändler | Streifenbilder als Lösungshilfe (ct, €) | 32 |
| Im Supermarkt | In Teilaufgaben zerlegen/Rechenbäume (ct, €) | 34 |
| Auf der Post | Rechnen mit Tabellen (g, kg, ct, €) | 36 |
| Im Feriencamp | Diagramme als Darstellungshilfe (s, min, h) | 38 |
| Lösungen | | 40 |

**Tolle Extras:**


✔ deine Drachen-Spickzettel:
- Sachaufgaben sicher lösen
- Größen umrechnen 45

✔ extra: dein Signalwörter-Rechenspiel 47

**Hallo liebe(r) ______________________________________!**

(Trage hier deinen Namen ein.)

In diesem Übungsheft findest du alles Wichtige rund um das Thema Sachaufgaben. Du kannst dir gezielt ein Thema aussuchen, das du wiederholen und üben möchtest. Natürlich kannst du auch das ganze Buch durcharbeiten. Vergiss jedoch nicht: Es ist besser, öfters kurze Zeit zu üben als nur einmal stundenlang. Jede Doppelseite in diesem Buch kannst du in 10–15 Minuten bearbeiten. Das ist die ideale Lernportion, die du auch nach den Hausaufgaben noch gut schaffen kannst.

Das bedeuten die unterschiedlichen Zeichen:

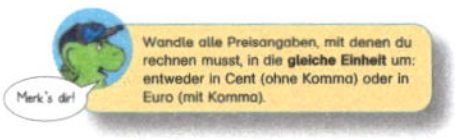


**Merkkasten** – Lenny fasst in den gelben Merkkästen alles Wichtige für dich zusammen. Präge dir diese Regeln gut ein.

**Für-Könner-Aufgabe** – Aufgaben mit diesem Symbol sind etwas schwieriger. Bist du ein echter Könner und schaffst sie schon?

mit Online-Übungen

**Online-Übungen** – Dieses Zeichen erinnert dich daran, dass du im Internet noch mehr Übungen findest.

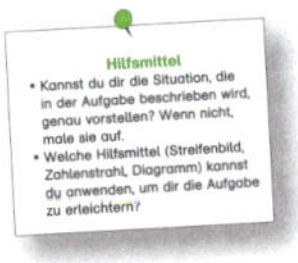


**Drachen-Spickzettel** – Auf Seite 45 findest du die Drachen-Spickzettel mit Regeln und Tipps. Du kannst sie ausschneiden und an deine Pinnwand hängen.

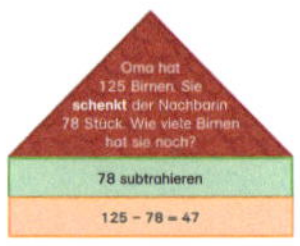


**Rechenspiel** – Außerdem gibt es auf Seite 47 ein tolles Rechenspiel. Schneide es aus, und spiel los!

**Lösungen** – Du findest sie am Ende des Heftes.

Wir wünschen dir viel Spaß und Erfolg!

Familie Lerndrache

Lenny Lizzy Opa Nepomuk

Du willst noch mehr üben? Du lernst gerne am Computer? Kein Problem!
Im Internet findest du viele weitere Übungen, die dich richtig fit in einem Thema machen. Und so geht's:

1. **Gehe gemeinsam mit deinen Eltern** auf www.lerndrachen-training.de und melde dich mit ihrer Hilfe kostenlos mit einer E-Mail-Adresse und einem Passwort an.

2. **Wähle auf der nächsten Seite dein Übungsheft aus.** Klickst du dein Heft an, erhältst du eine Übersicht über alle Themen, zu denen es extra Übungen gibt.

3. **Gib nun deinen Zugangscode MT7FH54 ein,** bestätige die Eingabe mit Enter, und alle Online-Übungen zu deinem Übungsheft sind für dich freigeschaltet.

4. **So übst du:** Suche dir nun ein Thema aus, das du üben möchtest. Du kannst die Übungen zu einem Thema beliebig oft wiederholen oder abbrechen und später beenden.

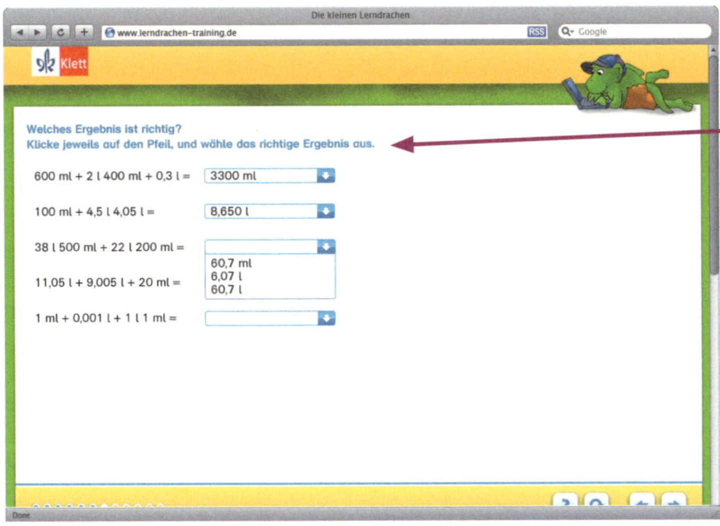


5. **Bearbeite nun die Übungsaufgaben.** Lies dabei zuerst die Aufgabenstellung.

6. **Überprüfe** am Ende deine Ergebnisse mit den Lösungen.

## So macht das Radfahren Spaß!

Stelle dir bei Sachaufgaben folgende Fragen:
- Was ist **gesucht**?
- Was ist **gegeben**?
- Welche **Rechenart** bringt mich zum Ziel?
  Wie kann ich anhand der Angaben im Text das Gesuchte errechnen?

**1** Timo möchte sich ein neues Fahrrad kaufen. Das Mountainbike gefällt ihm besonders gut. Leider hat er erst 340 € gespart. Wie viel Geld fehlt ihm noch?

Was ist gesucht? → fehlendes Geld: ?

Was ist gegeben? → Preis des Fahrrades: 525 €

→ gespartes Geld: 340 €

Wie musst du rechnen? → ______________________________

**2** Timos Großvater kauft ihm einen Fahrradhelm für 92 €. Er bezahlt mit einem 100-Euro-Schein. Wie viel Geld bekommt er zurück?

Was ist gesucht? → zurückgezahltes Geld: ______

Was ist gegeben? → ______ : ______

→ ______ : ______

Wie musst du rechnen? → ______

**3** Tanja schenkt ihm Radler-Handschuhe für 17 €. Sie zahlt mit zwei 10-Euro-Scheinen. Wie viel erhält sie zurück?

Gesucht → ______ : ______

Gegeben → ______ : ______

→ ______ : ______

Rechnung → ______

Für Könner!

**4** Wie teuer sind das Rad, der Helm und die Handschuhe zusammen?

!

Gesucht → ______ : ______

Gegeben → ______ : ______

→ ______ : ______

→ ______ : ______

Rechnung → ______

## Auf zur Klassenfahrt!

Die 5 vierten Klassen einer Grundschule gehen auf Klassenfahrt. Da gibt es viel zu organisieren!
Hier sind die Schülerzahlen jeder Klasse:

| 4 a | 4 b | 4 c | 4 d | 4 e |
|---|---|---|---|---|
| 27 | 25 | 29 | 23 | 24 |

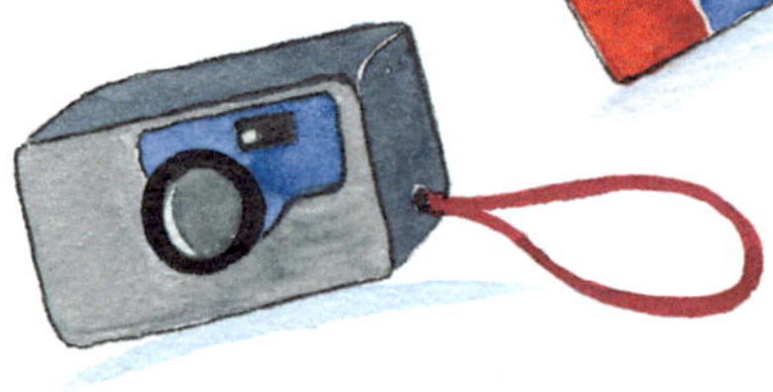

Damit die Fahrtkosten nicht zu hoch werden, sollen 4 Busse bestellt werden, von denen jeder 35 Schüler aufnehmen kann. Der Fahrpreis pro Schüler beträgt 9 €. Er wird klassenweise eingesammelt.

Du siehst, hier muss viel berechnet werden. Es ist daher günstig, sich einen Lösungsplan zu machen.

Ein **Lösungsplan** hilft dir, Sachaufgaben Schritt für Schritt zu lösen:

1. Lies die ganze Aufgabe gründlich durch.
   Hast du die Aufgabenstellung verstanden?
2. Was ist gesucht – was ist gegeben?
3. Zerlege umfangreiche Aufgaben (wie diese) in Teilaufgaben.
4. Rechne.
5. Kontrolliere das Ergebnis, und schreibe einen Antwortsatz.

mit Online-Übungen

Was ist alles zu berechnen?

**1** Gesucht: Wie viele Schüler gehen auf Klassenfahrt?

Gegeben: Klassenstärken in der Tabelle

Rechnung: 27 + ______________________________

Antwort: ______________________________

**2** Gesucht: Wie viele Schüler passen in die Busse?

Gegeben: ______________________________

Rechnung: ______________________________

Antwort: ______________________________

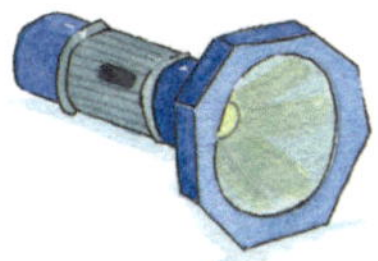

**3** Gesucht: Passen alle Schüler in die Busse?
Wie viele Plätze bleiben frei?

Gegeben: ______________________________

Rechnung: ______________________________

Antwort: ______________________________

______________________________

Für Könner!

**4** Gesucht: Wie viel Geld muss in jeder Klasse eingesammelt werden?

Gegeben:

______________________________

Rechnung: ______________________________

______________________________

______________________________

Antwort: ______________________________

______________________________

______________________________

______________________________

## Fußballbilder

**1** Die vier Kinder zählen ihre Fußballbilder. Jedes Kind bildet dazu eine Aufgabe, die die anderen lösen sollen. Schaffst du das auch?

Sara: Ich habe **doppelt** so viele wie Olaf. Olaf hat 90.

Rechnung: ____________________

Mark: Zu meinen 108 Bildern hat mir Guido 12 **geschenkt**.

Rechnung: ____________________

Lucas: Mark hat 120 Bilder. Ich habe leider nur ein **Drittel** davon.

Rechnung: ____________________

Olaf: Wenn Mark von seinen 120 Bildern 30 **abgibt**, hat er so viele wie ich.

Rechnung: ____________________

In vielen Sachaufgaben findest du **Signalwörter**. Sie weisen auf die Rechenart hin, die du beim Lösen der Aufgabe anwenden musst.

Beispiele: **doppelt** → $\cdot 2$

**schenken** → $+$

**2** Auf welche Rechenarten können diese Signalwörter hinweisen?
Schreibe die Rechenzeichen in die Kreise.

| | | | |
|---|---|---|---|
| mehr | → ◯ | zusammen | → ◯ |
| vermindern | → ◯ | die Hälfte | → ◯ |
| verlieren | → ◯ | bleiben übrig | → ◯ |

**3** Sara klebt ihre Bilder in ein Heft, 6 Bilder **pro** Seite. Es sind schon 11 Seiten voll. Wie viele Bilder sind das?

______________________________

**4** Mark füllt die Seiten **immer** mit 8 Bildern. Wie viele sind das auf 11 Seiten?

______________________________

Für Könner!

**5** Wie viele Bilder sind es zusammen, wenn auf 7 Seiten immer 8 Bilder und auf 5 Seiten 10 Bilder pro Seite geklebt werden sollen?
Kreise die Signalwörter ein, und rechne.

______________________________

______________________________

## Im Umweltladen

Im Umweltladen der Schule kaufen Maja, Jasmin und Kevin gern ein, weil es dort preisgünstig ist und die Sachen umweltschonend sind.

So sieht der Einkauf von Maja aus:

Wandle alle Preisangaben, mit denen du rechnen musst, in die **gleiche Einheit** um: entweder in Cent (ohne Komma) oder in Euro (mit Komma).

**1** Verfasse zu diesem Einkauf eine Sachaufgabe. Beginne so:
Maja kauft 3 Hefte zu je 40 ct, ______________________

______________________________________________

______________________________________________

Rechne die Aufgabe im Heft, notiere hier nur die Antwort.

______________________________________________

______________________________________________

mit Online-Übungen

**2** Kevin kauft 2 Hefte zu je 40 ct,
3 Schreibblöcke zu je 1,10 €,
2 Bleistifte zu je 35 ct und 1 Radiergummi, der 0,70 € kostet. Zeichne diese Aufgabe hier:

Löse die Aufgabe im Heft, und schreibe hier einen Antwortsatz.

___

Für Könner!

**3** Tobias hat seinen Einkauf schon abgeschlossen. Er bezahlt an der Kasse.

Schreibe auch hierzu eine Sachaufgabe.
Achte darauf, mit welchem Schein er bezahlt.

___

___

___

Rechnung: ___

Antwort: ___

## Urlaub auf dem Bauernhof

Das **Überschlagen** mit **gerundeten Zahlen** hilft dir, das Ergebnis einer Aufgabe ungefähr abzuschätzen. Runde zunächst die Zahlen, und addiere sie dann. Beim Runden gilt: Bei 0, 1, 2, 3, 4 wird abgerundet und bei 5, 6, 7, 8, 9 wird aufgerundet.

**1** Familie Meyer will Urlaub auf einem Bauernhof im Allgäu machen. Die Reise beginnt in Frankfurt, dann fahren sie über Heidelberg nach Karlsruhe und über Stuttgart nach Ulm, bis sie schließlich in Sonthofen ankommen.

Wie viele Kilometer legt Familie Meyer insgesamt zurück? Runde und überschlage zuerst, bevor du dich an die exakte Rechnung machst.

Überschlag:
Entfernungen gerundet: 86 km ≈ ______ km, ______________________________

________________________________________________

Addieren: ________________________________________

Genaue Rechnung:

**2** Mara und Bastian gehen mit einer Kindergruppe wandern. Sie wandern 4,4 km bis zur ersten Pause und danach 2 900 Meter bis zu einem Waldspielplatz. Am Abend nehmen sie den gleichen Weg zurück.
Die Eltern wandern alleine zum nächsten Aussichtsturm, der 9 km entfernt ist. Dort stellen sie fest, dass sie ihr Fernglas vergessen haben. Sie gehen wieder zurück und laufen dann erneut zum Aussichtsturm.

Welche Strecke hat die Familie Meyer insgesamt an diesem Tag zurückgelegt? Nimm dein Heft, mache den Überschlag, und rechne danach exakt.

Antwort: Familie Meyer ______________________________

**3** Eine Kuh des Bauern Alois gibt am Tag etwa 15 Liter Milch, eine Ziege etwa 3 Liter und ein Schaf 1 Liter Milch. Im Stall des Bauern stehen 32 Kühe, 19 Schafe und 8 Ziegen.
Wie viel Milch geben die Kühe, die Schafe und die Ziegen in 100 Tagen, und wie viel Milch erhält Bauer Alois dann insgesamt?
Nimm dein Heft und überschlage zunächst, indem du die Anzahl der Tiere rundest. Berechne danach die exakte Menge.

Antwort: ______________________________

______________________________

| | |
|---|---|
| je Übernachtung im Doppelzimmer (DZ) | 48 Euro |
| Zuschlag pro Kind und Nacht | 7 Euro |
| Frühstücksbüffet für die ganze Familie pro Tag | 22 Euro |

Für Könner!

**4** Die Familie Meyer bleibt vom 10. Juli bis zum 21. Juli auf dem Bauernhof. Am letzten Tag erhält sie eine Rechnung von 1 085 Euro für den Aufenthalt. Die Mutter runzelt die Stirn. Stimmt die Rechnung für 2 Erwachsene und 2 Kinder? Überschlage, und rechne dann exakt nach. Nimm dazu dein Heft.

Antwort: ______________________________

## Auf dem Markt

Die leckeren Erdbeeren laden zum Kaufen ein. Das Angebot ist sehr günstig. Patrick soll 3 Schalen kaufen.
Was muss er bezahlen?

·3

| 1 Schale | 3 Schalen |
|---|---|
| 1,45 € | 4,35 € |

·3

Wie du weißt, sollte man – nicht nur beim Einkaufen – jede Rechnung überprüfen. Dabei gilt: Nachrechnen ist gut, Kontrolle über die **Umkehraufgabe** aber besser. Dann kann man den gleichen Fehler nicht zweimal machen.

**1** Für Patricks Einkauf sieht die Kontrolle so aus:

Aufgabe: 1,45 € (·3) = 4,35 €

Umkehraufgabe: 4,35 € (:3) = ______

Rechnung: 4,35 € = 435 ct
435 ct : 3 = ______
= ______ €

Erhältst du wieder 1,45 €, ist die ursprüngliche Aufgabe richtig gerechnet.

**2** Rechne im Heft. Notiere hier nur die Ergebnisse.

1,45 € · 5 = ____ 1,45 € · 7 = ____

____ ___ = ____ ____ ___ = ____

**3** Patrick zahlt die 4,35 € mit einem 10-Euro-Schein. Wie viel Geld erhält er zurück?

Aufgabe: 10 € − 4,35 € = ____

Umkehraufgabe: ____ + 4,35 € = ____

Hast du eine Aufgabe in Teilaufgaben zerlegt, musst du **jede Teilaufgabe** durch eine Umkehraufgabe kontrollieren.

**4** Tanja kauft 4 Schalen Erdbeeren und bezahlt mit 10 €. Wie viel Geld erhält sie zurück? Rechne zu Ende!

**1. Teilaufgabe:**

1,45 € · 4 = 5,80 €

5,80 € ___ = ____

**2. Teilaufgabe:**

10 € − 5,80 € = ____

____ ____ = ____

Antwort: ________________________________

## Bei der Spedition

Bei einer Spedition müssen die Gewichte stimmen. Die Lieferwagen dürfen nicht überladen werden. Die Gewichte der Pakete werden in kg und g angegeben, die der schweren Kisten in t und kg.

**1** Schreibe diese Gewichtsangaben um.

Beispiele: $\frac{1}{2}$ t = 1 t : 2 = 1 000 kg : 2 = 500 kg

$1\frac{1}{2}$ t = 1 t + $\frac{1}{2}$ t = 1 000 kg + 500 kg = 1500 kg

Notiere hier nur die Ergebnisse:

$\frac{1}{4}$ t = ______ kg  $2\frac{1}{4}$ t = ______ kg  $\frac{1}{8}$ t = ______ kg

Bei Gewichtsangaben gibt es die Einheiten Gramm (g), Kilogramm (kg) und Tonne (t).
**1 000 g = 1 kg**
**1 000 kg = 1 t**

Für Könner!

**2** Trage die Gewichte dieser Pakete und Kisten in die Tabellen ein. Beginne mit dem leichtesten Versandgut. Verwandle die Gewichte auch in Kommazahlen.

| Gewicht | kg | g | Kommazahl |
|---|---|---|---|
| 750 g | 0 | 750 | 0,750 kg |
| | | | |
| | | | |

| Gewicht | t | kg | Kommazahl |
|---|---|---|---|
| | | | |
| | | | |
| | | | |

**3** Darf ein Lastwagen, der 15 t laden kann, diese Kisten auf einmal transportieren?

Wandle vor dem Rechnen alle Gewichte in kg um.

a) Gesamtgewicht:

______ kg + ______ kg + ______ kg + ______ kg = ________ kg

Antwort: ______________________________________________

b) Wie viel kg könnten noch geladen werden?

______________________________________________

Antwort: ______________________________________________

## Backen will gelernt sein

Timo möchte seiner Mutter zum Geburtstag eine besondere Freude machen: Er will ihr einen Topfkuchen backen.

Da Timo kein Profi im Backen ist, hat er sich ein einfaches Rezept ausgesucht. Er staunt, wie viel Mathematik man selbst beim Backen benötigt!

### Rezept für einen Topfkuchen

$\frac{1}{4}$ kg Butter
300 g Zucker
4 Eier
0,650 kg Mehl
$\frac{1}{8}$ l Milch
250 g Rosinen
1 P. Backpulver
etwas Salz

Fett schaumig rühren, dabei Eier, Zucker und eine Prise Salz nach und nach hinzugeben. Das mit Backpulver vermischte Mehl und die Milch nach und nach hinzufügen. Zum Schluss die Rosinen unterrühren und alles in eine gefettete Form füllen.

Backzeit: 70 Min. bei ca. 150 Grad.

So rechnest du **Gewichte** um:

1 kg = 1 000 g
$\frac{1}{2}$ kg = 1 kg : 2 = 1 000 g : 2 = 500 g
1 l Wasser = 1 kg (1 l Milch wiegt auch etwa 1 kg)
$\frac{1}{2}$ l Wasser = 1 kg : 2 = 500 g

**1** Kannst du diese Größen umrechnen?

3 kg = ______ g     $\frac{1}{4}$ kg = ______ g

2 l Wasser = ______ g     $\frac{1}{4}$ l Wasser = ______ g

0,250 kg = ______ g     0,850 kg = ______ g

**2** Rechne alle Gewichtsangaben aus Timos Rezept um, und fülle diese Tabelle aus:

| | **Rezept-angabe** | **Gewicht in g** | **Komma-schreibweise** |
|---|---|---|---|
| Butter | $\frac{1}{4}$ kg | 250 g | 0,250 kg |
| Zucker | 300 g | 300 g | |
| Mehl | | | |
| Milch | | | |
| Rosinen | | | |

Für Könner!

**3** Wie schwer sind alle Zutaten für den Kuchen zusammen, wenn 1 Ei 55 g wiegt? Backpulver und Salz wiegen so wenig, dass du diese Zutaten bei der Rechnung weglassen kannst. Rechne im Heft, und notiere hier nur die Antwort.

!

______________________________________________

______________________________________________

## Im Getränkeabholmarkt

Die Sommerhitze macht durstig! Paolo und Marie staunen über das große Angebot. Die beiden stellen fest, dass in den Flaschen nicht immer die gleiche Menge enthalten ist. Da muss man schon genauer auf das Etikett schauen.

Mineral-wasser | Erfrischungs-getränk | Multi-vitaminsaft

Flüssigkeiten misst man in Milliliter (ml) und Liter (l).
**1 l = 1 000 ml**

**1** Wandle die Literangaben oben in Milliliter um, und schreibe die Ergebnisse neben die Flaschen.

**2** Die Flaschen befinden sich außerdem in unterschiedlich großen Kästen.

a) Wie viele Liter Mineralwasser kaufst du im kleinen Kasten?

Rechne so:

0,7 l · 12 = 700 ml · 12 = 8 400 ml = ________ l

b) Wie viele Liter sind es im großen Kasten?

________ = ________ = ________ = ________ l

mit Online-Übungen

Vater muss beim Getränkekauf ordentlich schleppen. Die gefüllten Flaschen sind schwer:

| | | |
|---|---|---|
| 1 Flasche | Mineralwasser: | 1,250 kg |
| 1 Flasche | Erfrischungsgetränk: | 1,4 kg |
| 1 Flasche | Multivitaminsaft: | 900 g |

Hinzu kommt das Gewicht der leeren Kästen:

| | |
|---|---|
| Kleiner Kasten: | 1 kg |
| Großer Kasten: | $1\frac{1}{2}$ kg |

Für Könner!

**3** Wie schwer ist der kleine Kasten mit Mineralwasserflaschen? Rechne so:

!

1,250 kg · 12 = 1 250 g · 12 = ________ g

________ g + 1 000 g = ________ g = ________ kg

Berechne das Gewicht des großen Kastens mit gefüllten Flaschen:

________ = ________ = ________ g

________ g + ______ g = ________ g = ________ kg

**4** Jetzt kannst du diese Tabellen ausfüllen.
Rechne im Heft.

| | Kleine Kästen | | Große Kästen | |
|---|---|---|---|---|
| | Anzahl Liter | Gewicht | Anzahl Liter | Gewicht |
| Mineralwasser | | | | |
| Erfrischungsgetränk | | | | |
| Multivitaminsaft | | | | |

## Brötchen! Frische Brötchen!

Beim **Geld** gibt es zwei verschiedene Einheiten:
Cent (ct) und Euro (€).
100 ct = 1 €
Wenn du Cent-Beträge hast, die sich nicht in „glatte" Angaben umrechnen lassen, schreibst du diese mit einem Komma: 125 ct = 1,25 €.

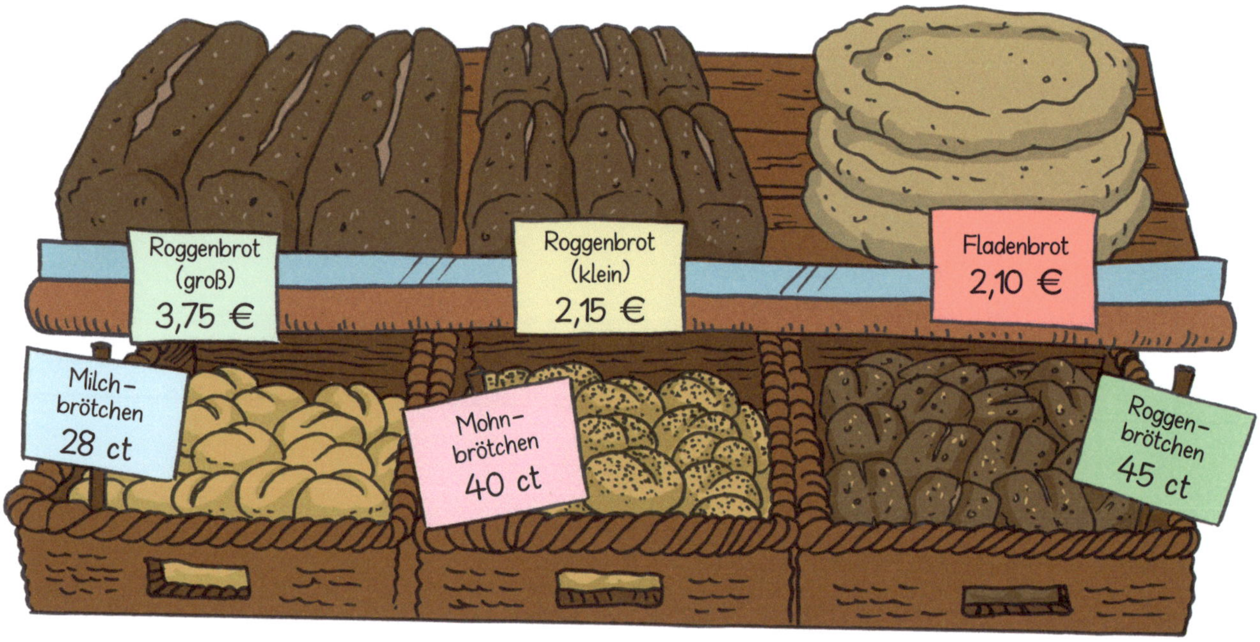


Für Könner!

**1** Trage in diese Tabelle die Preise der verschiedenen Backwaren ein. Sortiere sie nach Preisen ohne Komma (in Cent) und mit Komma (in Euro).

| | ohne Komma (Cent) | mit Komma (Euro) |
|---|---|---|
| Milchbrötchen | 28 ct | 0,28 € |
| Mohnbrötchen | | |
| Roggenbrötchen | | |
| Roggenbrot (klein) | | 2,15 € |
| Roggenbrot (groß) | | |
| Fladenbrot | | |

**2** Fülle nun die Tabelle bei Aufgabe 1 vollständig aus. Wandle die Preise ohne Komma in Kommazahlen um ...

28 ct → 0,28 €

... und die mit Komma in Preise ohne Komma:

2,15 € → 215 ct

**3** Verbinde die Preisschilder, die den jeweils gleichen Preis bezeichnen, mit einer blauen Linie.

25 ct

7,05 €

0,80 €

5 ct

4,00 €

0,05 €

80 ct

705 ct

Für Könner!

**4** Xenia kauft ein Fladenbrot, ein großes Roggenbrot und ein Milchbrötchen.

**!** Denke daran: Wandle alle Preise in Kommazahlen um, oder rechne nur mit Zahlen ohne Komma.

Was ist gesucht? → Gesamtpreis

Was ist gegeben? → ________________ : ________

________________ : ________

________________ : ________

Rechnung → ____________________________

## In Opas Garten

**1** Jana und Nico beobachten eine Schnecke in Opas Garten. Sie kommt in jeder Stunde etwa 8 cm vorwärts. Dann macht sie immer eine Pause und rutscht wieder 3 cm hinunter.

a) Wie lange braucht die Schnecke, um eine Mauer von 48 cm hinaufzukriechen? Zeichne die Bewegungen der Schnecke in diesen Zahlenstrahl ein.

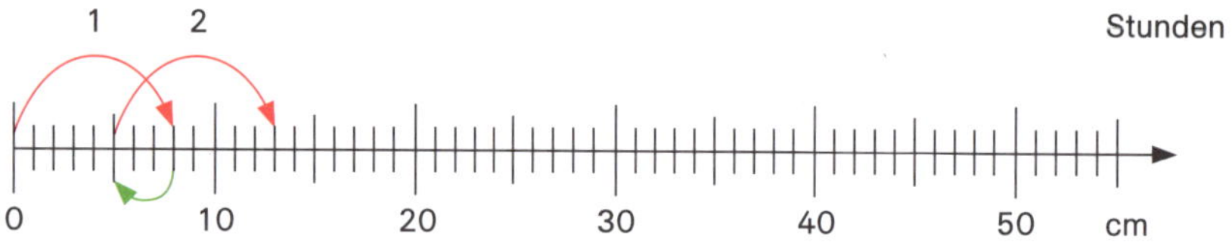


Die Schnecke braucht _____ Stunden.

b) Rechne das, was du im Zahlenstrahl festgehalten hast, nun mit einer Rechnung im Heft aus.

**Längen** misst man in folgenden Einheiten:
Millimeter (mm),
Zentimeter (cm),
Dezimeter (dm) und
Meter (m).
**10 mm = 1 cm**
**10 cm = 1 dm**
**10 dm = 1 m**

Für Könner!

**2** ! Opa hat den Kindern einen Sandplatz angelegt, auf dem sie mit Freunden Weitsprung üben. Nico springt 3,25 m weit. Jana springt 4 dm weniger, Marvin springt 35 cm weiter als Jana und Rieke springt 1 dm weniger als Marvin.
Wie weit springen die Kinder? Zeichne die Weiten in den Zahlenstrahl ein, und verwende dabei für jedes Kind eine andere Farbe. Überprüfe dein Ergebnis mit einer Rechnung im Heft.

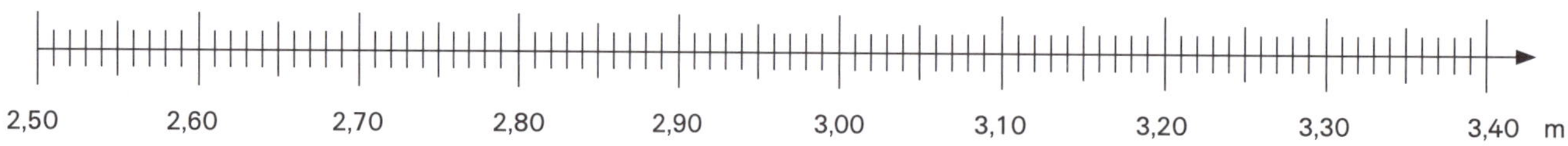

**3** Jana und Nico haben Tomaten und Bohnen gepflanzt.
Noch sind die Pflanzen klein.
Janas 2 Bohnenpflanzen sind jeweils 2 dm hoch,
ihre 2 Tomaten sind je 14 cm hoch.
Nicos 2 Bohnenpflanzen haben eine Höhe von jeweils
14 cm und seine 2 Tomaten von jeweils 1,5 dm.
Wessen Pflanzen sind insgesamt am höchsten? Zeichne
zuerst am Zahlenstrahl. Überprüfe dann in deinem Heft
das Ergebnis mit einer Rechnung.

Jana

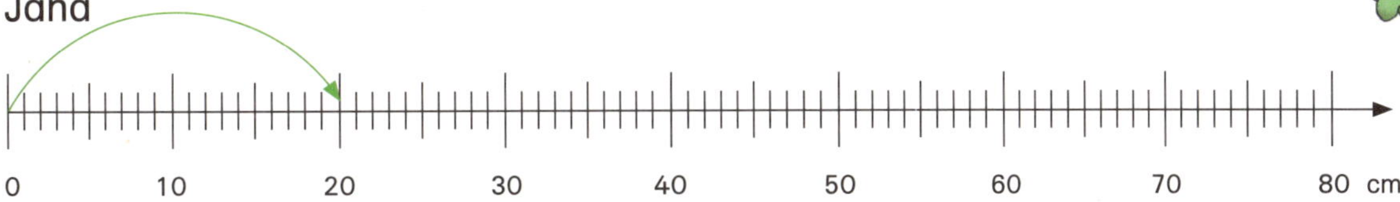


Nico

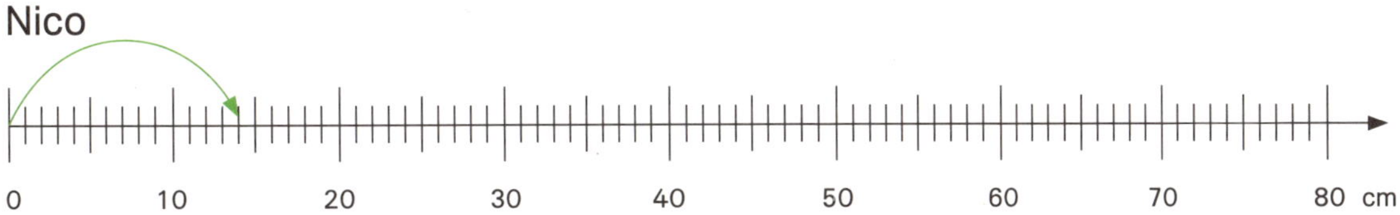


Antwort: __________ hat die höchsten Pflanzen.

Für Könner!

**4** In einer Ecke des Gartens hüpfen ein paar Flöhe
fröhlich hin und her. Ein Floh, er ist 1 mm groß, springt
10 cm hoch. Wie hoch müsste ein Kind, das 1 m groß ist,
hüpfen, um im Vergleich zu seiner Körpergröße genauso
hoch zu springen wie der Floh?
Rechne im Heft, und schreibe nur den Antwortsatz auf.

Das Kind müsste __________ hoch springen.

## Beim Sportfest

Die Schüler haben zu ihrem Sportfest einen Kiosk eingerichtet, damit sich die durstigen Sportler erfrischen können.
Marco kauft 6 Flaschen Apfelsaft.
Was kosten sie insgesamt?

Beim Lösen von Sachaufgaben können dir **Pfeilbilder** helfen.
Überlege so:

| 1 Flasche Apfelsaft | ·6 → | 6 Flaschen Apfelsaft |
|---|---|---|
| 1,05 € | ·6 → | 6,30 € |

**Achtung beim Ausrechnen!**

Wandle zuerst alle Beträge in Cent um, und rechne ohne Komma.
Dein Ergebnis wandelst du wieder in Euro um, und setzt das Komma.

1,05 € = 105 ct
105 ct · 6 = 630 ct
630 ct = 6,30 €

**1** Steffi holt 5 Becher Limonade. Was kosten diese insgesamt?
Trage die Werte ein, und rechne.

| 1 Becher Limonade | ○ → | |
|---|---|---|
| ______ | ○ → | ______ |

Rechnung: ______ = ______
______ = ______

| | |
|---|---|
| 1 Becher Limonade | 35 ct |
| 1 Becher Orangensaft | 45 ct |
| 1 Flasche Apfelsaft | 1,05 € |
| 1 Flasche Mineralwasser | 0,75 € |

**2** Diese Aufgaben schaffst du ohne Pfeilbild:

a) Wie teuer sind 3 Becher Orangensaft?

_______________

b) Was kosten 4 Flaschen Mineralwasser?

_______________

**3** Jens hat entdeckt, dass es am Kiosk auch leckeren Kirschsaft gibt, der versehentlich nicht auf der Preistafel steht. Er holt 4 Becher für 2,20 €, damit auch seine Freunde probieren können. Als er von ihnen das Geld kassieren will, weiß er nicht mehr genau, was ein Becher kostet. Hilf ihm, und rechne so:

2,20 € = 220 ct
220 ct : 4 = ______

| :4 → | |
|---|---|
| 4 Becher Kirschsaft | 1 Becher Kirschsaft |
| ______ | ______ |
| :4 → | |

Für Könner!

**4** Timo hat für 3 Flaschen Mineralwasser 2,40 € bezahlt.

a) Ist das in Ordnung? Was kostet demnach eine Flasche?

_______________

Antwort: _______________

_______________

b) Wie viel hätte er eigentlich bezahlen müssen?

_______________

_______________

Antwort: _______________

_______________

# Streifenbilder als Lösungshilfe (g, kg)

## Wer verpackt am besten?

Die Streifen helfen dir beim Lösen der Aufgaben. Der **durchgehende Streifen** stellt immer die **Gesamtmenge** dar. Die **kleineren Streifenabschnitte** zeigen an, aus welchen **Einzelteilen** das Ganze besteht. Je größer eine Teilmenge ist, umso länger ist auch der Streifenabschnitt. So siehst du auf einen Blick, wie die Gesamtmenge aufgeteilt ist.

**1** Boris und Lena haben diese Geschenke für ihre Großmutter eingekauft. Da sie ihr die Geschenke schicken wollen, müssen sie alle Gewichte kennen.

a) Wie schwer sind alle Geschenke zusammen? Zerlege die Aufgabe in Teilaufgaben, und trage die Gewichte ein.

| Kaffee | Tee | Schokolade | Pralinen | Kandis |
|---|---|---|---|---|
| | | | | |
| | | | | |

Gewicht der Geschenke: ____________ g

b) Für die Verpackung berechnen sie insgesamt 150 g.

| Gewicht der Geschenke | Verpackung |
|---|---|
| | |
| | |

Gesamtgewicht: ____________ kg

**2** Ein Päckchen darf höchstens 2 kg wiegen. Können die Geschenke zusammen als Päckchen verschickt werden?

Gesamtgewicht

| | |
|---|---|
| 2 kg | |

Antwort: ______________________________

______________________________

**3** Kann dieser Geschenkkarton als Päckchen verschickt werden? (Denke auch an die Verpackung = 150 g!)

Rechne im Heft. Zerlege die Aufgabe wieder in Teilaufgaben, und trage dir die Zwischenergebnisse in ein Streifenbild ein. Beantworte dann die Frage.

Antwort: ______________________________

______________________________

Für Könner!

**4** Diese Päckchen sollen genau 1 kg Inhalt besitzen. Könntest du sie mit diesen Geschenken füllen?

Rechne im Heft, und überprüfe jede Zeile der Tabelle. Welche Zeile ist falsch? Ändere sie.

| | **Kaffee** | **Tee** | **Kandis** | **Schokolade** | **Pralinen** | **Gesamtgewicht** |
|---|---|---|---|---|---|---|
| Päckchen A | – | 2 | 2 | – | – | |
| Päckchen B | 1 | 1 | – | 2 | 1 | |
| Päckchen C | – | 3 | 1 | 4 | – | |
| Päckchen D | 1 | 1 | – | – | 2 | |

## Beim Gebrauchtwagenhändler

Der Händler Huber hat sich auf den Ankauf und Verkauf von gebrauchten Autos spezialisiert.

**1** Für die Limousine hat er selbst 7 800 € bezahlt, für den Geländewagen 9 400 € und für den Sportwagen 18 950 €.

Wie viel musste er für die drei Autos insgesamt bezahlen? Trage die Preise in dieses Streifenbild ein und rechne im Heft.

| Limousine | Geländewagen | Sportwagen |
|---|---|---|
| | | |
| | | |

Einkaufspreis: ______________

**2** Welchen Gesamtpreis erzielt Herr Huber, wenn er alle Wagen für die vorgesehenen Preise verkauft?

| Limousine | Geländewagen | Sportwagen |
|---|---|---|
| | | |
| | | |

Verkaufspreis: ______________

mit Online-Übungen

Bei **Streifenbildern** gilt: Jeder Streifen steht für einen Gegenstand. Je länger ein Streifen ist, umso größer ist der Anteil des Gegenstandes an der Gesamtmenge.

**3** Wie groß ist Herr Hubers Gewinn? Vervollständige das Streifenbild.

Verkaufspreis

Einkaufspreis

Gewinn: ____________

Für Könner!

**4** Der Käufer der Limousine zahlt so: Die Hälfte des Kaufpreises in bar. 3 500 € rechnet ihm Herr Huber für seinen alten Wagen an. Welche Restsumme muss noch bezahlt werden? Fülle das Streifenbild aus:

Kaufpreis

bar

Altwagen

Restsumme: ____________

**5** Herr Hubers Autotransporter kann 5 t laden. Die Limousine wiegt 1,118 t, der Geländewagen 1 480 kg und der Sportwagen 1 250 kg. Wie viele kg könnten noch geladen werden? Fülle dazu das Streifenbild aus:

Limousine

Geländewagen

Sportwagen

noch frei: ____________

## Im Supermarkt

Um eine Aufgabe in praktische Teilaufgaben zu zerlegen, überlegst du dir, **was alles** berechnet werden muss. Dadurch wird dir klar, was du im ersten Schritt und was du im nächsten Schritt rechnen musst. Achte aber darauf, dass du **alle Teilaufgaben rechnest** und nicht versehentlich nach dem ersten Ergebnis aufhörst.

**Angebote**

| | |
|---|---|
| 1 l Milch: | 1,25 € |
| 1 Stück Butter: | 1,35 € |
| 1 kg Zucker: | 0,75 € |
| 1 kg Mehl: | 0,85 € |
| 1 Becher Margarine: | 1,15 € |
| 1 Flasche Öl: | 2,15 € |

**1** Frank kauft 4 l Milch, 3 kg Zucker und 2 Stück Butter. Wie viel muss er bezahlen?
Am besten zerlegst du die Aufgabe in **Teilaufgaben**:

Preis für Butter: [1,35 €] · [2] → [2,70 €] → Preis: [2,70 €]

Preis für Zucker: [0,75 €] · [ ] → [ ] → + [ ]

Preis für Milch: [ ] · [ ] → [ ] → + [ ]

Preis insgesamt: [ ]

Antwort: Frank muss ____________ bezahlen.

**2** Fülle für diesen Einkauf die Rechenbäume aus, und schreibe eine Antwort.

Preis für Mehl:

Preis für Margarine:

Preis für Öl:

Preis insgesamt:

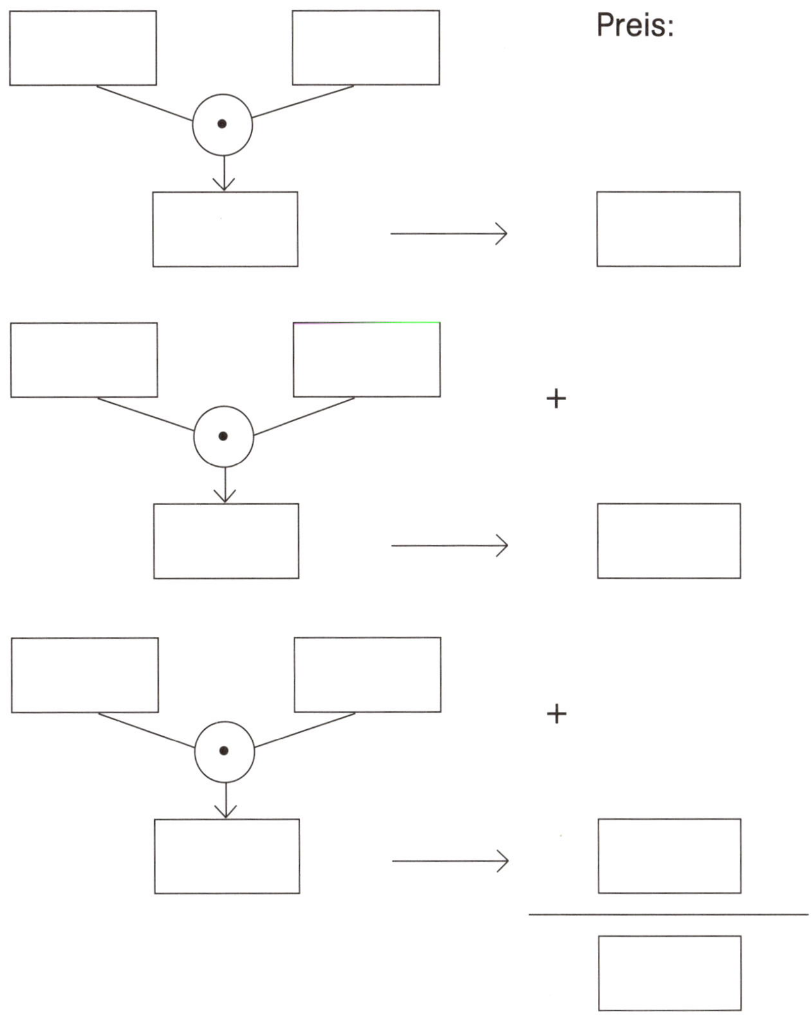


Antwort: ______________________________

Für Könner!

**3** Tanja möchte einen Kuchen backen. Sie kauft 3 Stück Butter, 2 kg Zucker, 4 kg Mehl und 3 l Milch.

Zeichne entsprechende Rechenbäume in dein Heft. Rechne die Aufgabe. Notiere hier nur die Antwort:

______________________________

## Auf der Post

Um Zahlen zu vergleichen, eignet sich eine **Tabelle** besonders gut.
Darin stehen alle Zahlen **übersichtlich** neben- oder untereinander. So siehst du mit einem Blick alle Zahlen, die du für deine Rechnung brauchst.

Pakete und Päckchen müssen von der Postbeamtin gewogen werden. Vom Gewicht hängt die Höhe der Gebühren ab.
Eine Firma Beck liefert im Postamt diese Pakete und Päckchen ab.

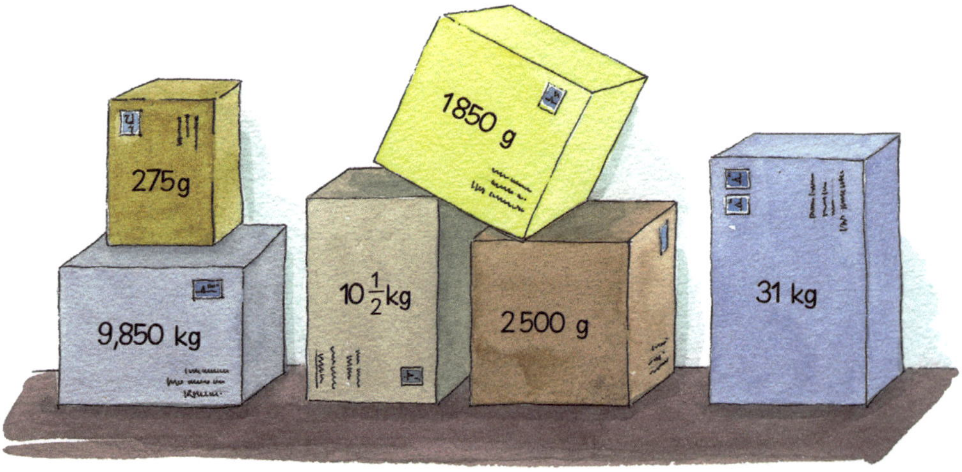

mit Online-Übungen

**1** Trage in diese Tabelle alle Gewichte ein. Beginne mit dem leichtesten. Kennzeichne jeweils, ob es sich um ein Päckchen oder ein Paket handelt, und trage die fällige Gebühr ein.

| Gewicht | Päckchen/Paket | Gebühr |
|---|---|---|
| | | |
| | | |
| | | |
| | | |
| | | |
| | | |

**2** Wie viel muss die Firma Beck insgesamt bezahlen? ______________________

______________________

Antwort: ______________________

**3** Manchmal werden Pakete und Päckchen verschickt, die an die gleiche Adresse gehen. Dann können sie auch zu großen Paketen zusammengefasst werden. Ist das für die Firma günstiger? Trage die Gebühren jeweils in die Kreise ein, und fülle die Tabelle aus.

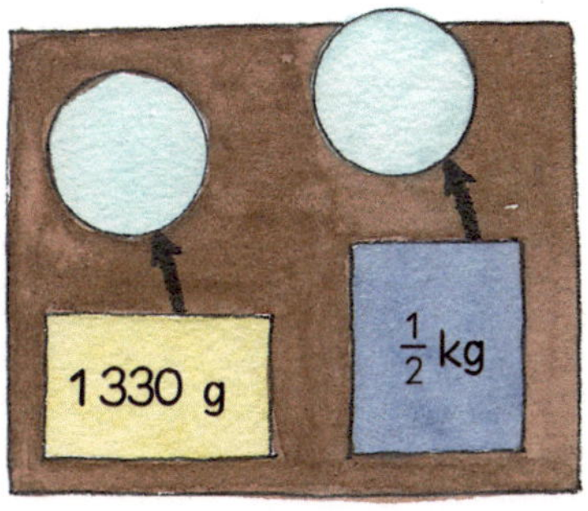


Gesamtgewicht: ________ kg

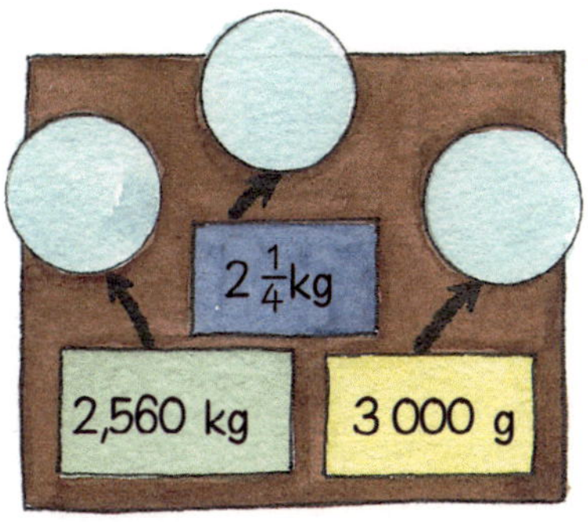


Gesamtgewicht: ________ kg

| einzeln verschickt | zusammen verschickt | Ersparnis |
|---|---|---|
| ____ + ____ = ________ | ________ | ________ |
| ____ + ____ + ____ = ________ | ________ | ________ |

## Im Feriencamp

**1** Lisa und Justin sind im Feriencamp. Der Vormittag wird von den Betreuern genau geplant. Wie lange dauern die einzelnen Aktivitäten? Schreibe die Minuten auf.

| Wann | Was | Dauer |
|---|---|---|
| 7.45 – 8.15 Uhr | Morgengymnastik | 30 min |
| 8.15 – 8.45 Uhr | Frühstück | |
| 8.45 – 9.30 Uhr | Töpfern | |
| 9.00 – 9.15 Uhr | 1. Pause | |
| 9.15 – 10.15 Uhr | Handball | |
| 10.15 – 10.30 Uhr | 2. Pause | |
| 10.30 – 11.15 Uhr | Malen auf Leinwänden | |
| 11.15 – 11.30 Uhr | 3. Pause | |
| 11.30 – 12.00 Uhr | Arbeit im Gemüsegarten | |
| 12.00 – 12.45 Uhr | Mittagessen | |

Um Zeitabstände zu messen, rechnet man in Sekunden (s), Minuten (min) und Stunden (h). Die Abkürzung h kommt vom englischen Wort „hour", was Stunde bedeutet.

60 s = 1 min

60 min = 1 h

**2** Justin will die Aktivitäten bildlich darstellen. Er zeichnet ein Kreisdiagramm und trägt alle Tätigkeiten nacheinander ein. So sieht er auf einen Blick, wann eine volle Stunde erreicht ist.

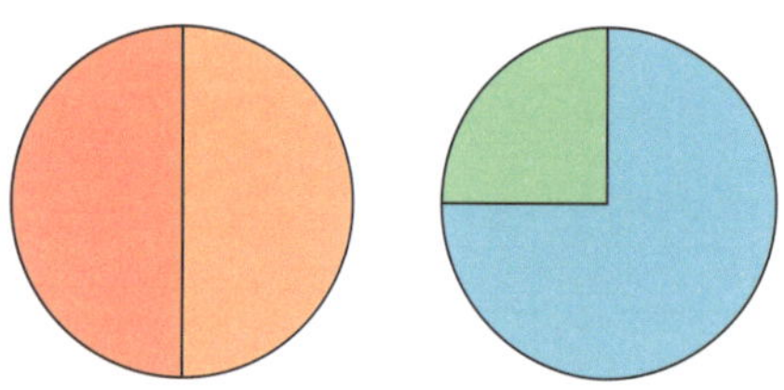

- Morgengymnastik
- Frühstück im Freien
- 1. Pause
- Töpfern

**Diagramme** stellen Zahlen und Werte bildlich dar. So kannst du gut sehen, welche Zahl größer und welche kleiner ist. Auf diese Weise kannst du ganz einfach mehrere Zahlen miteinander vergleichen.

mit Online-Übungen

a) Wie sehen Justins Kreisdiagramme aus, wenn er alle Aktivitäten in dieser Form gestaltet hat? Zeichne die Tätigkeiten farbig ein.

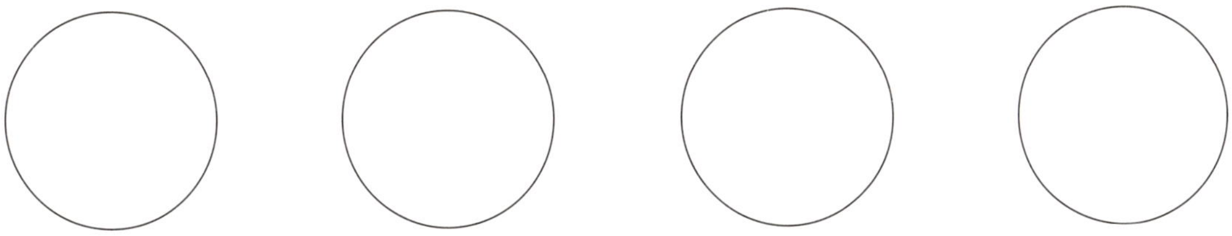

| | | |
|---|---|---|
| Handball | Malen | Gemüsegarten |
| 2. Pause | 3. Pause | Mittagessen |

b) Wie lange dauert der geplante Vormittag mit dem Mittagessen? Nimm hierzu die Kreisdiagramme zur Hilfe. Überprüfe dann durch eine Rechnung im Heft, ob du richtig gezeichnet hast.

Antwort: Der Vormittag dauert ____________________.

Für Könner!

**3** Später fahren die Kinder Einrad. So lange können sie sich auf dem Rad halten:

| | **Versuch 1** | **Versuch 2** | **Versuch 3** |
|---|---|---|---|
| Tom | 1 020 s | 5 min | 180 s |
| Anna | 660 s | eine Viertelstunde | 9 min |

Justin rechnet die Zeiten der beiden Kinder in Minuten um und addiert sie. Die Ergebnisse stellt er durch unterschiedlich lange Balken dar. Welcher der beiden Balken gehört zu wem? Schreibe die Namen in die Balken. Wer hat gewonnen?

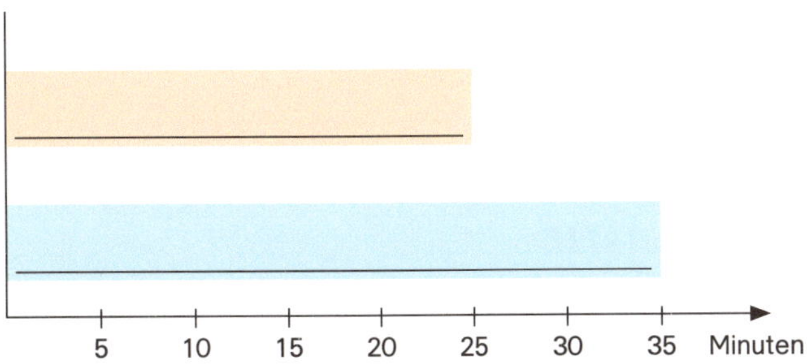

Rechnung:

Tom: ______________________________________________

Anna: ______________________________________________

Antwort: ______________________________________________

# Lösungen

### Seite 6/7

1. fehlendes Geld: 185 €
   Rechnung:
   525 € – 340 € = 185 €

2. Gesucht: zurückgezahltes Geld: 8 €
   Gegeben:
   Preis des Helmes: 92 €
   bezahltes Geld: 100 €
   Rechnung:
   100 € – 92 € = 8 €

3. Gesucht: zurückgezahltes Geld: 3 €
   Gegeben:
   Preis der Handschuhe: 17 €
   bezahltes Geld: 20 €
   Rechnung:
   20 € – 17 € = 3 €

4. Gesucht: Gesamtsumme: 634 €
   Gegeben:
   Preis für Rad: 525 €
   Preis für Helm: 92 €
   Preis für Handschuhe: 17 €
   Rechnung:
   525 € + 92 € + 17 € = 634 €
   Übrigens, Lennys Inliner kosteten 46 €.

### Seite 8/9

1. Rechnung: 27 + 25 + 29 + 23 + 24 = 128
   Antwort: 128 Schüler gehen auf Klassenfahrt.

2. Gegeben: 4 Busse, jeder Bus fasst 35 Schüler
   Rechnung: 35 · 4 = 140
   Antwort: 140 Schüler passen in die Busse.

3. Gegeben: 140 Schüler können aufgenommen werden, 128 Schüler sind es.
   Rechnung: 140 – 128 = 12
   Antwort: Die Schüler passen in die Busse. 12 Plätze bleiben frei.

4. Gegeben: Anzahl der Schüler in jeder Klasse: 27; 25; 29; 23; 24. Fahrpreis: 9 €.
   Rechnung: 9 € · 27 = 243 €;
   9 € · 25 = 225 €;
   9 € · 29 = 261 €;
   9 € · 23 = 207 €;
   9 € · 24 = 216 €;
   Antwort: Klasse 4 a muss 243 €, 4 b 225 €, 4 c 261 €, 4 d 207 € und 4 e 216 € einsammeln.

### Seite 10/11

1. Sara: 90 Bilder · 2 = 180 Bilder
   Mark: 108 Bilder + 12 Bilder = 120 Bilder
   Lucas: 120 Bilder : 3 = 40 Bilder
   Olaf: 120 Bilder – 30 Bilder = 90 Bilder

2. mehr → (+) zusammen → (+)
   vermindern → (−) die Hälfte → (:2)
   verlieren → (−) bleiben übrig → (−)

3. Rechnung: 6 Bilder · 11 = 66 Bilder

4. Rechnung: 8 Bilder · 11 = 88 Bilder

5. Die Signalwörter sind: zusammen, immer, pro.
   8 Bilder · 7 + 10 Bilder · 5
   = 56 Bilder + 50 Bilder = 106 Bilder

### Seite 12/13

1. Sachaufgabe: Maja kauft 3 Hefte zu je 40 ct, 2 Schreibblöcke zu je 1,10 € und 2 Bleistifte zu je 35 ct. Wie viel muss sie bezahlen?
   Rechnung:
   40 ct · 3 + 1,10 € · 2 + 35 ct · 2 = 4,10 €
   Antwort: Maja muss 4,10 € bezahlen.

2. Zeichnung:

   Rechnung: 40 ct · 2 + 1,10 € · 3 + 35 ct · 2 + 0,70 € · 1 = 5,50 €
   Antwort: Kevin muss 5,50 € bezahlen.

3. Sachaufgabe: Tobias hat für 6,05 € eingekauft. Er bezahlt mit einem 10-Euro-Schein. Wie viel Geld erhält er zurück?
   Rechnung: 10 € – 6,05 € = 3,95 €
   Antwort: Tobias erhält 3,95 € zurück.

### Seite 14/15

1. Überschlag: 90 km + 60 km + 80 km + 100 km + 120 km = 450 km
   Genaue Rechnung: 86 km + 55 km + 84 km + 97 km + 123 km = 445 km

2. Überschlag:
   Eltern: Runde 9 km auf: 9 km ≈ 10 km (10 000 m
   Kinder: Runde 4,4 km ab: 4 km ≈ 4 km (4 000 m)
   Runde 2 900 m auf: 2 900 m ≈ 3 000 m (3 km)

Mutter: 10 km · 4 = 40 km
Vater: 10 km · 4 = 40 km
Mara: 4 000 m + 3 000 m = 7 000 m;
7 000 m · 2 = 14 000 m (14 km)
Bastian: 4 000 m + 3 000 m = 7 000 m;
7 000 m · 2 = 14 000 m (14 km)
Gesamt: (40 · 2) + (14 · 2) = 14 + 14 + 40 + 40
= 108 km
Antwort: Familie Meyer legte insgesamt ungefähr 108 km zurück.

Genaue Rechnung:
Mutter: 9 000 m · 4 = 36 000 m (36 km)
Vater: 9 000 m · 4 = 36 000 m (36 km)
Mara: 4 400 m + 2 900 m = 7 300;
7 300 · 2 = 14 600 m (14,6 km)
Bastian: 4 400 m + 2 900 m = 7 300;
7 300 · 2 = 14 600 m (14,6 km)
Gesamt: (36 000 m · 2) + (14 600 · 2) = 72 000 m
+ 29 200 m = 101 200 m (101,2 km)
Antwort: Familie Meyer legte insgesamt genau 101,2 km zurück.

3. Überschlag:
Runde 32 Kühe ab: 32 ≈ 30
Runde 19 Schafe auf: 19 ≈ 20
Runde 8 Ziegen auf: 8 ≈ 10
Kühe: 30 · 15 l = 450 l Kuhmilch pro Tag
450 l · 100 Tage = 45 000 l
Schafe: 20 · 1 l = 20 l Schafsmilch pro Tag
20 l · 100 Tage = 2 000 l
Ziegen: 10 · 3 l = 30 l Ziegenmilch pro Tag
30 l · 100 Tage = 3 000 l
Gesamt: 45 000 l + 2 000 l + 3 000 l = 50 000 l
Antwort: Alle Tiere zusammen geben in 100 Tagen ungefähr 50 000 Liter Milch.

Genaue Rechnung:
Kühe: 32 · 15 l = 480 l Kuhmilch pro Tag
480 l · 100 Tage = 48 000 l
Schafe: 19 · 1 l = 19 l Schafsmilch pro Tag
19 l · 100 Tage = 1 900 l
Ziegen: 8 · 3 l = 24 l Ziegenmilch pro Tag
24 l · 100 Tage = 2 400 l
Gesamt: 48 000 l + 1 900 l + 2 400 l = 52 300 l
Antwort: Alle Tiere zusammen geben in 100 Tagen insgesamt 52 300 Liter Milch.

4. Überschlag:
Die Familie war 11 Nächte auf dem Bauernhof.
Runde 48 € auf: 48 ≈ 50 €
Runde 7 € auf: 7 ≈ 10 € (Achtung: 2 Kinder)
Runde 22 € ab: 22 ≈ 20 €

(50 € · 11) + (10 € · 11) + (10 € · 11) +
(20 € · 11) = 550 € + 110 € + 110 € + 220 € =
990 €

Genaue Rechnung:
(48 € · 11) + (7 € · 11) + (7 € · 11) +
(22 € · 11) =
528 € + 77 € + 77 € + 242 € = 924 €
1085 € − 924 € = 161 €

Antwort: Die Rechnung ist um 161 Euro zu hoch.

**Seite 16/17**

1. Aufgabe: 1,45 € · 3 = 4,35 €
Umkehraufgabe: 4,35 € · 3 = 1,45 €
Rechnung: 4,35 € = 435 ct
435 ct : 3 = 145 ct
145 ct = 1,45 €

2. 1,45 € · 5 = 7,25 €
7,25 € · 5 = 1,45 €
1,45 € · 7 = 10,15 €
10,15 € : 7 = 1,45 €

3. Aufgabe: 10 € − 4,35 € = 5,65 €
Umkehraufgabe: 5,65 € + 4,35 € = 10 €

4. 1. Teilaufgabe: 2. Teilaufgabe:
1,45 € · 4 = 5,80 € 10 € − 5,80 € = 4,20 €
5,80 € : 4 = 1,45 € 4,20 € + 5,80 € = 10 €
Antwort: Tanja erhält 4,20 € zurück.

**Seite 18/19**

1. $\frac{1}{4}$ t = 1 t : 4 = 1 000 kg : 4 = 250 kg
$2\frac{1}{4}$ t = 2 t + $\frac{1}{4}$ t = 1 000 kg · 2 + 250 kg
= 2 000 kg + 250 kg = 2 250 kg
$\frac{1}{8}$ t = 1 t : 8 = 1 000 kg : 8 = 125 kg

2.

| Gewicht | kg | g | Kommazahl |
|---|---|---|---|
| 750 g | 0 | 750 | 0,750 kg |
| 8400 g | 8 | 400 | 8,400 kg |
| 15 kg 600 g | 15 | 600 | 15,600 kg |

| Gewicht | t | kg | Kommazahl |
|---|---|---|---|
| 970 kg | 0 | 970 | 0,970 t |
| 7t 170 kg | 7 | 170 | 7,170 t |
| 7280 kg | 7 | 280 | 7,280 t |

(In der Kommaschreibweise kannst du die Nullen am Ende auch weglassen).

3. a) 2 500 kg + 2 000 kg + 8 700 kg + 920 kg
= 14 120 kg
Antwort: Der Lastwagen darf alle Kisten transportieren.
b) 15 000 kg − 14 120 kg = 880 kg
Antwort: Es können noch 880 kg geladen werden.

**Seite 20/21**

1. 3 kg = 3 000 g $\frac{1}{4}$ kg = 250 g
2 l Wasser = 2 000 g $\frac{1}{4}$ l Wasser = 250 g
0,250 kg = 250 g 0,850 kg = 850 g

2.

| | Rezept | g | Kommaschreibweise |
|---|---|---|---|
| Butter | $\frac{1}{4}$ kg | 250 g | 0,250 kg |
| Zucker | 300 g | 300 g | 0,300 kg |
| Mehl | 0,650 kg | 650 g | 0,650 kg |
| Milch | $\frac{1}{8}$ l | 125 g | 0,125 g |
| Rosinen | 250 g | 250 g | 0,250 kg |

(In der Kommaschreibweise kannst du die Nullen am Ende auch weglassen).

3. $\frac{1}{4}$ kg + 300 g + 55 g · 4 + 0,650 kg + $\frac{1}{8}$ l + 250 g
= 250 g + 300 g + 220 g + 650 g + 125 g + 250 g
= 1 795 g = 1,795 kg
Antwort: Alle Zutaten wiegen zusammen 1,795 kg.

## Seite 22/23

1. 0,7 l = 700 ml; 1 l = 1000 ml; $\frac{1}{2}$ l = 500 ml

2. a) 0,7 l · 12 = 700 ml · 12 = 8 400 ml = 8,4 l
b) 0,7 l · 20 = 700 ml · 20 = 14 000 ml = 14 l

3. Kleiner Kasten:
1,250 kg · 12 = 1 250 g · 12 = 15 000 g
15 000 g + 1 000 g = 16 000 g = 16 kg
Großer Kasten:
1,250 kg · 20 = 1 250 g · 20 = 25 000 g
25 000 g + 1 500 g = 26 500 g = 26,500 kg

4.

| | Kleine Kästen | | Große Kästen | |
|---|---|---|---|---|
| | Anzahl Liter | Gewicht | Anzahl Liter | Gewicht |
| Mineralwasser | 8,4 l | 16 kg | 14 l | 26,5 kg |
| Erfrischungsgetränk | 12 l | 17,8 kg | 20 l | 29,5 kg |
| Multivitaminsaft | 6 l | 11,8 kg | 10 l | 19,5 kg |

## Seite 24/25

1./2.

| | ohne Komma (Cent) | mit Komma (Euro) |
|---|---|---|
| Milchbrötchen | 28 ct | 0,28 € |
| Mohnbrötchen | 40 ct | 0,40 € |
| Roggenbrötchen | 45 ct | 0,45 € |
| Roggenbrot (klein) | 215 ct | 2,15 € |
| Roggenbrot (groß) | 375 ct | 3,75 € |
| Fladenbrot | 210 ct | 2,10 € |

3. 7,05 € = 705 ct
0,80 € = 80 ct
0,05 € = 5 ct

4. Gesucht: Gesamtpreis: 6,13 €
Gegeben:
Preise für Fladenbrot: 2,10 €
großes Roggenbrot: 3,75 €
Milchbrötchen: 0,28 €
Rechnung:
2,10 € + 3,75 € + 0,28 € = 6,13 €

## Seite 26/27

1. a)

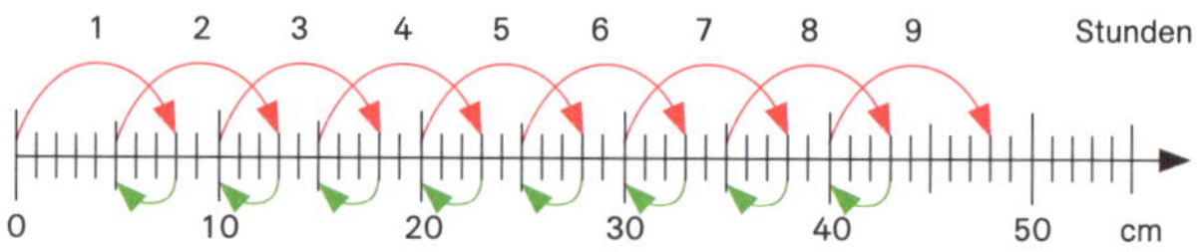


Antwort: Die Schnecke braucht 9 Stunden.

1. b) Pro Stunde schafft die Schnecke
8 cm − 3 cm = 5 cm
Achtung: Wenn sie am oberen Ende der Mauer angekommen ist, rutscht sie nicht mehr zurück. Das bedeutet, dass beim letzten Stück die ganzen 8 cm berechnet werden müssen.
Also: 48 cm − 8 cm = 40 cm
40 cm : 5 cm = 8.
Für die ersten 40 cm braucht sie 8 Stunden.
Die letzten 8 cm schafft die Schnecke in einer Stunde: 8 h + 1 h = 9 h.

2.

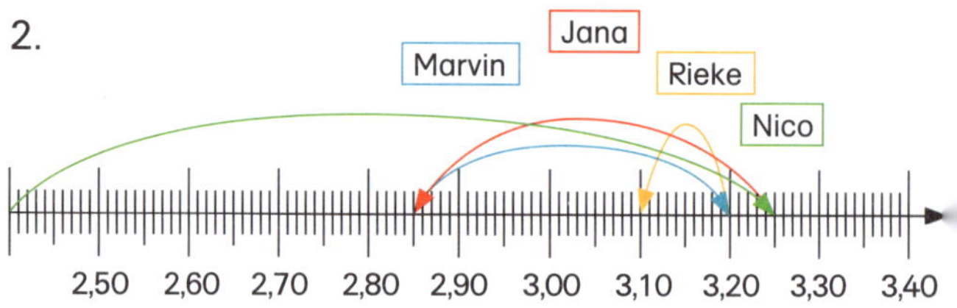


Jana: 3,25 m − 4 dm = 325 cm − 40 cm = 285 cm (2,85 m)
Marvin: 285 cm + 35 cm = 320 cm (3,20 m)
Rieke: 320 cm − 1 dm = 320 cm − 10 cm = 310 cm (3,10 m)
Antwort: Jana springt 2,85 m, Marvin 3,20 m, und Rieke springt 3,10 cm weit.

3.
Jana:

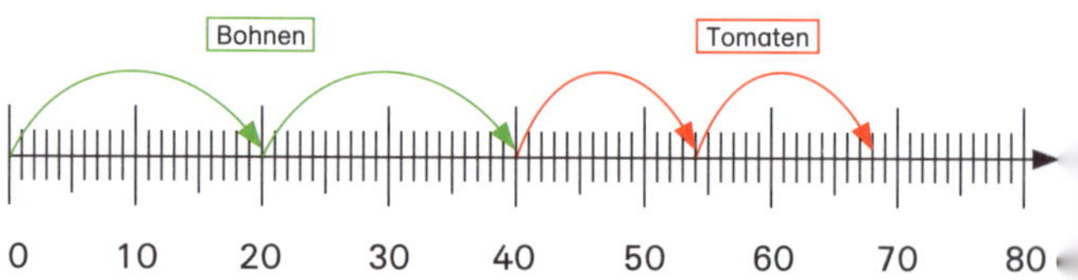


Nico:

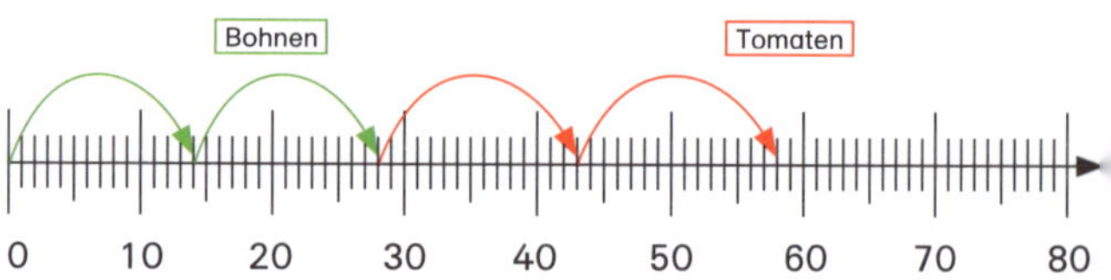


Rechnung Jana:
2 Bohnen · 2 dm = 2 · 20 cm = 40 cm
2 Tomaten · 14 cm = 28 cm
Gesamt: 40 cm + 28 cm = 68 cm

Rechnung Nico:
2 Bohnen · 14 cm = 28 cm
2 Tomatenstangen · 1,5 dm = 2 · 15 cm = 30 cm
Gesamt: 28 cm + 30 cm = 58 cm

Antwort: Jana hat die höchsten Pflanzen.

4. Floh:
   1 mm · ? = 10 cm
   1 mm · ? = 100 mm
   1 mm · 100 = 100 mm, da 100 mm : 1 mm = 100
   Der Floh springt 10 cm hoch – das ist das Hundertfache seiner Körpergröße.
   Kind: 1 m · 100 = 100 m
   Antwort: Das Kind müsste 100 m hoch springen.

**Seite 28/29**

1.
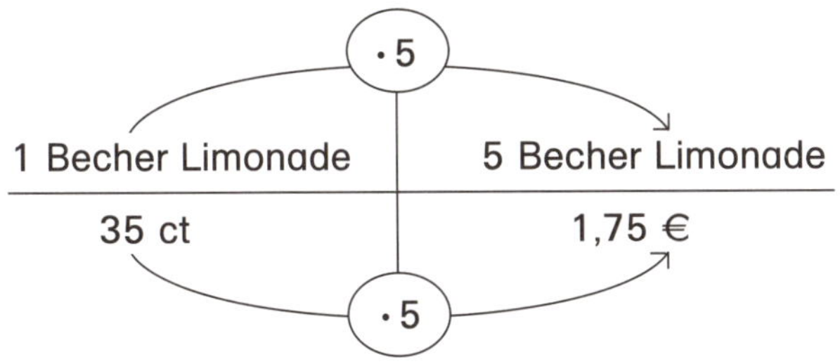


   Rechnung: 35 ct · 5 = 175 ct
   175 ct = 1,75 €

2. a) Rechnung: 45 ct · 3 = 135 ct = 1,35 €
   b) Rechnung: 0,75 € · 4 = 75 ct · 4 = 300 ct = 3,00 €

3. Rechnung: 2,20 € : 4 = 220 ct : 4 = 55 ct

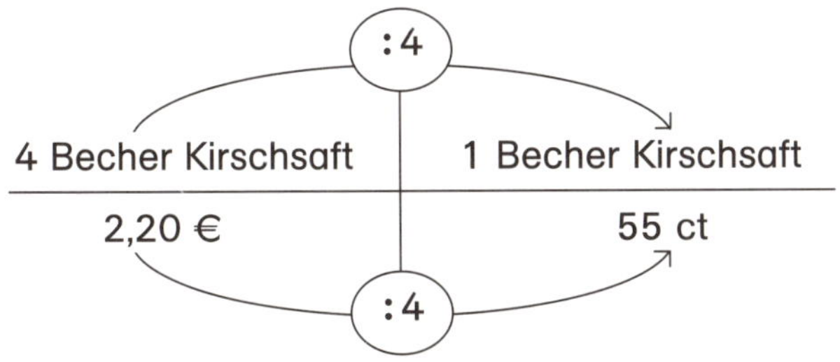


4. a) 2,40 € : 3 = 240 ct : 3 = 80 ct = 0,80 €
   Antwort: Nein, der Preis ist zu hoch.
   b) 0,75 € · 3 = 75 ct · 3 = 225 ct = 2,25 €
   Antwort: Er hätte nur 2,25 € zahlen müssen.

**Seite 30/31**

1. a)
   500 g · 2 + 50 g · 3 + 100 g · 4 + 250 g · 1 + 450 g · 1 = 1 000 g + 150 g + 400 g + 250 g + 450 g = 2 250 g (= Gewicht der Geschenke)
   b) 2 250 g + 150 g = 2 400 g = 2,4 kg
   Gesamtgewicht: 2,4 kg

2. 2,400 kg – 2 kg = 0,400 kg = 400 g
   Das Päckchen ist um 400 g zu schwer.
   Antwort: Nein, die Geschenke können nicht als Päckchen verschickt werden.

3. 450 g · 2 + 250 g · 2 + 100 g · 3 + 150 g
   = 900 g + 500 g + 300 g + 150 g
   = 1 850 g = 1,85 kg Gesamtgewicht
   Antwort: Die Geschenke können als Päckchen verschickt werden, denn sie wiegen weniger als 2 kg.

4. Päckchen A:
   50 g · 2 + 450 g · 2
   = 100 g + 900 g = 1000 g = 1 kg
   Päckchen B:
   500 g · 1 + 50 g · 1 + 100 g · 2 + 250 g · 1
   = 500 g + 50 g + 200 g + 250 g
   = 1 000 g = 1 kg
   Päckchen C:
   50 g · 3 + 450 g · 1 + 100 g · 4
   = 150 g + 450 g + 400 g = 1 000 g = 1 kg
   Päckchen D:
   500 g · 1 + 50 g · 1 + 250 g · 2
   = 500 g + 50 g + 500 g
   = 1 050 g = 1,050 kg
   Die Geschenke für Päckchen D sind zu schwer.
   Der Tee muss weggelassen werden.

**Seite 32/33**

1. 7 800 € + 9 400 € + 18 950 € = 36 150 € (Einkaufspreis)

2. 9 500 € + 15 250 € + 21 750 €
   = 46 500 € (Verkaufspreis)

3. 46 500 € – 36 150 € = 10 350 € (Gewinn)

4. bar: 9 500 € : 2 = 4 750 €;
   4 750 € (bar) + 3 500 € (Altwagen)
   = 8 250 €;
   Restsumme:
   9 500 € – 8 250 € = 1 250 €
   Es müssen noch 1 250 € bezahlt werden.

5. 1,118 t + 1,480 t + 1,250 t = 3,848 t
   5 t – 3,848 t = 1,152 t = 1 152 kg
   Es können noch 1 152 kg geladen werden.

**Seite 34/35**

1. Butter: 1,35 € · 2 = 2,70 €
   Zucker: 0,75 € · 3 = 2,25 €
   Milch: 1,25 € · 4 = 5,00 €
   Preis insgesamt:
   2,70 € + 2,25 € + 5,00 € = 9,95 €
   Antwort: Frank muss 9,95 € bezahlen.

2. Mehl: 0,85 € · 5 = 4,25 €
Margarine: 1,15 € · 3 = 3,45 €
Öl: 2,15 € · 2 = 4,30 €
Preis insgesamt:
4,25 € + 3,45 € + 4,30 € = 12,00 €
Antwort: Es müssen 12,00 € bezahlt werden.

3. Butter: 1,35 € · 3 = 4,05 €
Zucker: 0,75 € · 2 = 1,50 €
Mehl: 0,85 € · 4 = 3,40 €
Milch: 1,25 € · 3 = 3,75 €
Preis insgesamt:
4,05 € + 1,50 € + 3,40 € + 3,75 € =
12,70 €
Antwort: Tanja muss 12,70 € bezahlen.

**Seite 36/37**

1.

| Gewicht | Päckchen/Paket | Gebühr |
|---|---|---|
| 275 g | Päckchen | 3,90 € |
| 1 850 g | Päckchen | 3,90 € |
| 2 500 g | Paket | 6,90 € |
| 9,850 kg | Paket | 6,90 € |
| $10\frac{1}{2}$ kg | Paket | 9,90 € |
| 31 kg | Paket | 13,90 € |

2. 3,90 € + 3,90 € + 6,90 € + 6,90 € + 9,90 € + 13,90 € = 45,40 €
Antwort: Die Firma Beck muss insgesamt 45,40 € bezahlen.

3.

| Gesamtgewicht | einzeln verschickt | zusammen verschickt | Ersparnis |
|---|---|---|---|
| 1330 g + $\frac{1}{2}$ kg = 1,830 kg | 3,90 € + 3,90 € = 7,80 € | 3,90 € | 7,80 € – 3,90 € = 3,90 € |
| $2\frac{1}{4}$ kg + 2,560 kg + 3 000 g = 7,810 kg | 6,90 € + 6,90 € + 6,90 € = 20,70 € | 6,90 € | 20,70 € – 6,90 € = 13,80 € |

**Seite 38/39**

1. Morgengymnastik: 30 min
Frühstück: 30 min
Töpfern: 45 min
1. Pause: 15 min
Handball: 60 min
2. Pause: 15 min
Malen auf Leinwänden: 45 min
3. Pause: 15 min
Arbeit im Gemüsegarten: 30 min
Mittagessen: 45 min

2. a)

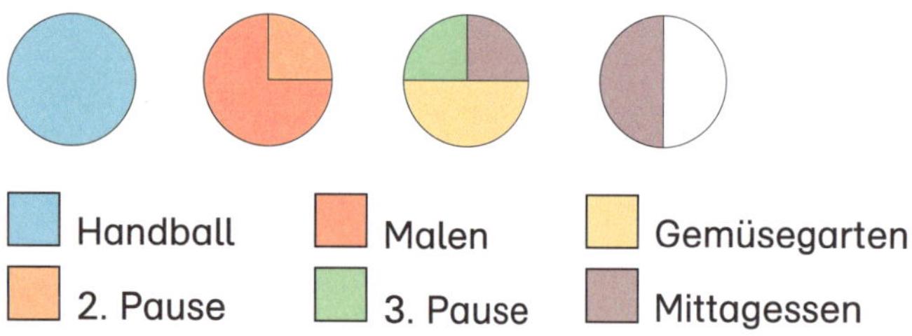


b) 30 min + 30 min + 45 min + 15 min + 60 min + 15 min + 45 min + 15 min + 30 min + 45 min = ?
30 min + 30 min = 1 h
45 min + 15 min = 1 h
60 min = 1 h
15 min + 45 min = 1 h
15 min + 45 min = 1 h
30 min = $\frac{1}{2}$ h
$5\frac{1}{2}$ h = 330 min
Antwort: Der Vormittag dauert $5\frac{1}{2}$ Stunden (5,5 Stunden).

3. Tom: 1 020 s + 5 min + 180 s =
17 min + 5 min + 3 min = 25 min
Anna: 660 s + 15 min + 9 min =
11 min + 15 min + 9 min = 35 min
Tom ist insgesamt 25 Minuten auf dem Einrad gefahren. Der gelbe Balken gehört zu Tom.
Anna ist 35 Minuten auf dem Einrad gefahren. Der blaue Balken gehört zu ihr.
Antwort: Anna hat gewonnen.

**Dein Signalwörter-Rechenspiel:**
So gehören die Häuser zusammen
Haus 1: Carla hat 35 Knöpfe. Anna legt noch 64 dazu. Wie viele Knöpfe sind das insgesamt? /64 addieren/
35 + 64 = 99
Haus 2: Sven hat 154 Euro auf seinem Konto. Papa zahlt noch 120 Euro ein. Wie viel Geld ist nun auf dem Konto? / 120 addieren/154 + 120 = 274
Haus 3: Oma hat 125 Birnen. Sie schenkt der Nachbarin 78 Stück. Wie viele Birnen hat sie noch? /78 subtrahieren/
125 – 78 = 47
Haus 4: In der Tüte sind 420 Schoko-Linsen. Jonas hat 312 aufgegessen. Wie viele sind noch in der Tüte? / 312 subtrahieren/420 – 312 = 108
Haus 5: Lisa hat 38 Sticker. Lena hat doppelt so viele. Wie viele Sticker hat Lena? / mit 2 multiplizieren/38 · 2 = 76
Haus 6: Opa hatte einst 15 Hasen. Nun hat er das Vierfache an Hasen. Wie viele Tiere sind das? /mit 4 multiplizieren/
15 · 4 = 60
Haus 7: Lars hat 280 Sticker. Er klebt sie gleichmäßig verteilt in 4 Alben. Wie viele Sticker sind in jedem Album? / durch 4 dividieren/280 : 4 = 70
Haus 8: Mama hat 15 Äpfel. Sie teilt sie gerecht unter ihren 5 Kindern auf. Wie viele Äpfel bekommt jedes Kind? / durch 5 dividieren/15 : 5 = 3

## Zeit

Beim Rechnen mit Zeit gelten folgende Einheiten:
Sekunden (s), Minuten (min), Stunden (h).

**Merke dir:** 1 h = 60 min
1 min = 60 s

Merke dir auch:
1 Tag = 24 h
1 Woche = 7 Tage
1 Jahr = 12 Monate

## Gewichte

Beim Rechnen mit Gewichten gelten folgende Einheiten:
Gramm (g), Kilogramm (kg), Tonne (t).

**Merke dir:**
1 t = 1 000 kg = 1 000 000 g
1 kg = 1 000 g

## Volumen

Beim Rechnen mit Hohlmaßen gelten folgende Einheiten: Milliliter (ml), Liter (l).

**Merke dir:**
1 l = 1 000 ml

## Längen

Beim Rechnen mit Längen gelten folgende Einheiten:
Millimeter (mm), Zentimeter (cm), Dezimeter (dm), Meter (m), Kilometer (km).

**Merke dir:**
1 km = 1 000 m
1 m = 10 dm = 100 cm
1 dm = 10 cm
1 cm = 10 mm

## Geld

Beim Rechnen mit Geld gelten folgende Einheiten:
Euro (€), Cent (ct).

**Merke dir:** 1 € = 100 ct

## Genaues Lesen

- Lies den Aufgabentext mehrmals durch, bis du ihn verstanden hast.
- Lies dir auch die Frage, die du beantworten sollst, genau durch. Wenn keine Frage dabei steht, musst du eine sinnvolle Frage finden.

## Signalwörter und Angaben

- Überlege, welche Rechenart du anwenden musst. Signalwörter verraten dir, ob eine Addition, Subtraktion, Multiplikation oder Division zum Ziel führt.
- Unterstreiche alle Signalwörter, damit du sie nicht überliest.
- Schau nach, welche Angaben du dem Text entnehmen kannst, und notiere sie.

## Rechenschritte festlegen, Einheiten umwandeln

- Schreibe auf, in welcher Reihenfolge du die Rechenschritte ausführen musst, damit du keinen Schritt vergisst.
- Schreibe immer dazu, was du mit dem jeweiligen Rechenschritt ausrechnest. Dann behältst du den Überblick.
- Rechne mit gleichen Einheiten, wandle also unterschiedliche Angaben in einheitliche um.

## Hilfsmittel

- Kannst du dir die Situation, die in der Aufgabe beschrieben wird, genau vorstellen? Wenn nicht, male sie auf.
- Welche Hilfsmittel (Streifenbild, Zahlenstrahl, Diagramm) kannst du anwenden, um dir die Aufgabe zu erleichtern?

## Rechenkontrolle

Überschlage die Rechnung möglichst vorher im Kopf oder mache eine Rechenprobe. So erkennst du schnell, ob du dich verrechnet hast.

Carla hat 35 Knöpfe. Anna **legt** noch 64 **dazu**. Wie viele Knöpfe sind das insgesamt?

64 addieren

35 + 64 = 99

Sven hat 154 Euro auf seinem Konto. Papa **zahlt** noch 120 Euro **ein**. Wie viel Geld ist nun auf dem Konto?

120 addieren

154 + 120 = 274

In der Tüte sind 420 Schoko-Linsen. Jonas hat 312 **aufgegessen**. Wie viele sind noch in der Tüte?

312 subtrahieren

420 − 312 = 108

Oma hat 125 Birnen. Sie **schenkt** der Nachbarin 78 Stück. Wie viele Birnen hat sie noch?

78 subtrahieren

125 − 78 = 47

Lisa hat 38 Sticker. Lena hat **doppelt so viele**. Wie viele Sticker hat Lena?

mit 2 multiplizieren

38 · 2 = 76

Opa hatte einst 15 Hasen. Nun hat er **das Vierfache** an Hasen. Wie viele Tiere sind das?

mit 4 multiplizieren

15 · 4 = 60

Mama hat 15 Äpfel. Sie **teilt** sie gerecht unter ihren 5 Kindern **auf**. Wie viele Äpfel bekommt jedes Kind?

durch 5 dividieren

15 : 5 = 3

Lars hat 280 Sticker. Er klebt sie gleichmäßig **verteilt** in 4 Alben. Wie viele Sticker sind in jedem Album?

durch 4 dividieren

280 : 4 = 70